中国的远洋渔业发展

（2023 年 10 月）

中华人民共和国
国务院新闻办公室

人民出版社

目　　录

前　言

海洋的可持续开发利用与人类的生存发展息息相关。中国是世界上最早开发和利用海洋的国家之一,早在 4000 多年前,中国沿海地区人民就向海而生、以渔为业,与世界各国人民一道,开启了海洋探索开发利用之路。

中国远洋渔业自 1985 年起步以来,根据相关双边渔业合作协议或安排,与有关国家发展互利共赢的务实渔业合作;根据《联合国海洋法公约》等相关国际法,深入参与联合国框架下的多边渔业治理和区域渔业管理,积极行使开发利用公海渔业资源的权利,全面履行相关资源养护和管理义务。

中共十八大以来,在习近平新时代中国特色社会主义思想指引下,中国深入践行人类命运共同体和海洋命运共同体理念,持续加强海洋生态文明建设,始终坚持走远洋渔业绿色可持续发展道路,坚持优化产业结构,推进转型升级,提高质量效益,严控发展规模,强化规范管理,打击非法捕捞,致力于科学养护和可持续利用渔业资源,努力实现远洋渔业高质量发展。

为全面介绍中国远洋渔业的发展理念、原则立场、政策主张和履约成效,分享中国远洋渔业管理经验,促进远洋渔业国际合作与交流,特发布本白皮书。

一、中国远洋渔业高质量发展

远洋渔业是中国渔业的重要组成部分。中国始终秉承合作共赢、安全稳定、绿色可持续的发展理念，深化远洋渔业对外交流，多渠道、多形式开展互利共赢合作，坚持走远洋渔业高质量发展道路，努力为世界远洋渔业发展和水产品供给作出积极贡献。

（一）国际水产品生产和贸易稳步发展

水产品是全球公认的健康食物，在全球粮食和营养安全中发挥关键作用。可持续水产养殖发展和有效渔业管理对保障国际市场水产品供给至关重要。

近年来，水产品国际贸易增长显著。根据联合国粮农组织统计数据，从进口额看，欧盟为最大的单一进口市场，2020年在全球水产品进口总额中占比为16%（不包括欧盟内部贸易）；美国为最大的进口国家，2020年进口额占全球水产品进口总额的15%。从出口额看，前三位出口国家为中国、挪威、越南,三国出口额合计占全球水产品出口总额的 25%。据中国海关总署统计,2020 年中国出口水产品 374.74 万吨,出口额占全球水产品出口总额的 12%,主要出口目的地包括欧盟、东盟、日本、美国等国家和地区。中国作为世界最大的水产品出口国,为世界水产品的供给和消费作出了重要贡献。

根据联合国粮农组织《世界渔业和水产养殖状况 2022》公布的统计数据,2020 年全球渔业和水产养殖总产量达 2.14 亿吨,达历史最高水平,其中水产养殖产量达 1.226 亿吨,在全球渔业和水产养殖总产量中的比重达 57.29%。中国是世界最大的水产品生产国,2020 年水产品总产量 6549 万吨,其中水产养殖产量 5224 万吨,约占水产品总产量的 80%。中国也是世界水产养殖产量最高的国家,全球的水产养殖产品约 40% 来自中国。中国渔业特别是水产养殖业的发展,为满足中国乃至世界水产品消费需求、减少对天然海洋渔业资源的利用和依赖、促进全球渔业资源科学养护和可持续利用作出了重要贡献。

(二)中国为世界远洋渔业发展作出积极贡献

世界远洋渔业有很长的发展历史,有较详细渔业统计数据的可追溯到 20 世纪 50 年代,不同历史时期均有不同的国家或地区参与。这些远洋渔业国家或地区与沿海国一道,为开发利用全球海洋渔业资源、促进海洋食物和营养供给、保障沿海社区生计和发展发挥了积极作用。

中国远洋渔业从 1985 年起步。虽然起步较晚,但经过 30 多年的艰苦奋斗,中国的远洋渔业取得了显著的发展成就。多年来,中国与亚洲、非洲、南美洲、大洋洲的有关国家(地区)签署互惠合作协议,根据协议安排和合作国法律规定,有序开展务实渔业合作,累计合作国家(地区)40 多个。依据《联合国海洋法公约》等国际法,中国先后加入大西洋金枪鱼养护国际委员会、印度洋金枪鱼委员会、中西太平洋渔业委员会、南极海洋生物资源养护委员会、美洲间热带金枪鱼委员会、南太平洋区域渔业管理组织、北太平洋渔业委员会、南印度洋渔业协定等组织,核准《预防中北冰洋不管制公海渔业协定》。中国高度重视远洋渔业国际履约,积极履行多边渔业条约和区域渔业管理组织框架下的成员国义务,对尚无区域渔业管理组织管理的公海渔业履行船旗国①应尽的勤勉义务,并积极推动成立相关区域渔业管理组织,持续加强远洋渔业监管,促进全球渔业资源的科学养

---

① 船旗国是指为船舶登记注册并授权悬挂其船旗的国家。

护和可持续利用。

2022 年,中国拥有经批准的远洋渔业企业 177 家,远洋作业渔船 2551 艘(其中公海作业渔船 1498 艘),作业区域分布于太平洋、印度洋、大西洋公海和南极海域,以及相关合作国家管辖海域,年产量 232.8 万吨。

(三)推动中国远洋渔业更好发展

作为发展中国家,中国远洋渔业在渔船和捕捞装备水平、渔业资源探测能力、科技对产业发展的贡献率上,与发达国家相比仍有一定差距。为适应和履行国际渔业治理新要求,在结合自身发展需求基础上,中国陆续发布了《"十四五"全国渔业发展规划》《关于促进"十四五"远洋渔业高质量发展的意见》《远洋渔业"监管提升年"行动方案》《远洋渔业人才建设三年行动方案》等政策文件,对远洋渔业发展作出规划。

"十四五"期间及今后一段时期,中国将继续以推动远洋渔业全产业链集聚发展,健全远洋渔业发展支撑体系,提升远洋渔业综合治理能力,加大远洋渔业发展保障力度为重点任务,通过优化产业结构,强化科技支撑,提升监管能力,深入参与国际渔业治理,完善政策体系,努力实现远洋渔业高质量发展。到 2025 年,中国远洋渔业总产量和远洋渔船规模保持稳定,行业整体素质和生产效益显著提升,违规事件和安全事故明显下降,区域与产业布局进一步优化,监督管理和国际履约成效显著提升。

二、统筹推进资源养护和
可持续利用

中国坚持在发展中保护、在保护中发展，实施公海自主休渔等重要举措，不断强化渔业资源养护，加强生态系统管理，重点关注气候变化与生物多样性养护，推进渔业资源长期可持续利用取得显著成效。

（一）坚持资源长期可持续利用原则

渔业资源作为一种可再生资源，在科学评估的基础上制定可捕量，是可持续利用资源的基础。中国坚持走绿色可持续发展道路，正确处理渔业资源养护与开发利用的关系，一贯主张在科学评估的基础上进行合理养护和长期可持续利用。支持中西太平洋渔业委员会、印度洋金枪鱼委员会等相关区域渔业管理组织制定捕捞策略，科学管理渔业资源，控制总捕捞能力。严格遵守大西洋金枪鱼养护国际委员会等区域渔业管理组织通过的捕捞限额制度和资源恢复计划,有关鱼种捕捞量长期控制在限额之内,支持配额及相关捕捞能力的合理转让。

休渔是国际上渔业管理和资源养护的重要措施,除按照区域渔业管理组织规定实施休渔(如中西太平洋金枪鱼围网季节性休渔)之外,中国从 2020 年起,对以鱿鱼为主捕对象的部分公海渔业实施自主休渔,这是中国进一步加强公海渔业资源科学养护和可持续利用的重要举措。

专栏 1　公海自主休渔

为促进公海渔业资源的养护和长期可持续利用,2020 年中国在西南大西洋和东太平洋公海相关海域试行为期三个月的自主休渔,并于 2021 年开始正式实施。休渔时间和海域为:7 月 1 日至 9 月 30 日,南纬 32 度至 44 度、西经 48 度至 60 度之间的西南大西洋公海海域;9 月 1 日至 11 月 30 日,北纬 5 度至南纬 5 度、西经 95 度至 110 度之间的东太平洋公海海域。休渔期间,所有中国籍鱿钓渔船、拖网渔船停止捕捞作业。

2022 年中国进一步将印度洋北部公海纳入自主休渔范围,休渔时间和海域为:7 月 1 日至 9 月 30 日,赤道至北纬 22 度、东经 55 度至 70 度之间的印度洋北部公海海域(不含南印度洋渔业协定管辖海域),休渔期间,中国籍鱿钓渔船、灯光围网渔船停止捕捞作业。自此,中国远洋渔业参与作业的尚无区域渔业管理组织管辖的公海海域(或鱼种)均已纳入自主休渔范围。

中国政府对自主休渔措施的实施情况进行严格监管,有关远洋渔船均严格遵守和执行了休渔措施。根据资源监测数据,西南大西洋和东南太平洋相关鱿鱼种类的相对资源丰度等指标有所改善。公海自主休渔作为中国积极养护公海渔业资源的创新举措,取得了显著效果。有关休渔时间和区域将根据实际情况和资源状况,经专家论证和公开征求意见后动态调整。

（二）加强兼捕物种保护和管理

中国高度关注与目标物种相关的兼捕物种资源可持续问题，注重评估和监测兼捕物种资源状况，鼓励并参与信息采集和科学研究，切实保护鲨鱼、蝠鲼、海龟、海鸟以及相关海洋哺乳动物。中国积极推动落实联合国粮农组织《鲨鱼养护和管理国际行动计划》，严格遵守区域渔业管理组织关于鲨鱼等物种的养护管理措施。中国制定实施《海龟保护行动计划（2019—2033 年）》，在全国范围内对海龟保护管理工作进行统一部署。中国进一步加强海洋哺乳动物保护管理，要求远洋渔船严格遵守区域渔业管理组织的养护管理措施，深入做好对海洋哺乳动物等兼捕物种的有效释放、数据收集、信息报送、科学研究和监督管理。中国禁止公海大型流网作业，不批准新造双拖网、单船大型有囊灯光围网等破坏性作业渔船，积极开展生态和环境友好型渔船、渔具和捕捞技术的研发和应用，优化渔具选择性，推广鱿钓渔业节能型集鱼灯、金枪鱼延绳钓生态型渔具渔法，研制防缠绕和可生物降解的金枪鱼围网人工集鱼装置，开展南极磷虾渔业中降低海鸟损伤、有效释放误捕海洋哺乳动物等试验,切实推动兼捕物种和珍稀濒危物种保护。

（三）重视应对气候变化与生物多样性养护

中国高度重视应对气候变化和生物多样性养护问题,积极开展气候变化对鱼类等海洋生物的分布、洄游和种群再生能力的影响研究,以及气候变化与渔业资源及其生态系统相互影响的研究和相关管理工作。2019年支持中西太平洋渔业委员会通过气候变化研究提案,2022年支持印度洋金枪鱼委员会通过在金枪鱼渔业管理中关注气候变化的提案。海洋生物多样性与海洋生态系统保护和海洋可持续发展息息相关。中国作为主席国分两个阶段成功主持召开《生物多样性公约》第十五次缔约方大会,领导达成"昆明—蒙特利尔全球生物多样性框架",积极参与国家管辖范围以外区域海洋生物多样性养护和可持续利用协定谈判工作,为推动全球生物多样性养护进程作出应有的贡献。

（四）加大资源养护和国际履约支持力度

中国以推动渔业高质量发展为目标,构建与渔业资源养护和产业结构调整相协调的新时代渔业发展支持政策体系,推动渔业高质量发展,提高渔业现代化水平,构建渔业发展新格局。从"十四五"开始,取消对远洋渔船的燃油补贴,支持建设渔业基础公共设施、渔业绿色循环发展、渔业资源调查养护和国际履约能力提升等方面,履行国际公约养护国际渔业资源,开展渔业资源调查监测评估等活动,促进渔业资源的长期可持续利用,构建绿色可持续的远洋渔业发展新格局。

远洋渔业企业和渔船是履行国际公约、合法合规从事渔业生产的主体。2022年中国正式实施远洋渔业企业履约评估制度,将企业履约成绩与行政审批、政策支持等挂钩,通过正向激励、反向倒逼的方式,引导企业不断完善管理制度,严格执行管理措施,避免发生违规行为,切实提高履约能力。这一制度有力促进了远洋渔业企业规范管理和国际履约,得到了各方关注和广泛认可。

专栏2　远洋渔业企业履约评估制度

为进一步提高远洋渔业企业国际履约能力和水平,持续推进远洋渔业高质量发展,促进全球渔业资源养护和长期可持续利用,中国自2019年起试行远洋渔业企业履约评估制度,并于2022年全面实施,就企业的管理制度建设、执行措施遵守、资源养护、科技创新、社会责任、违法违规等方面设定量化指标进行评分(包括3项一级指标、10项二级指标、60项三级指标)。通过企业自评、地方主管部门初审、国家渔业主管部门审定等程序确定企业年度履约得分。

2022年,远洋渔业企业总体履约情况良好。通过开展履约评估,企业履约意识和能力明显提升,主要体现在:更积极地使用绿色、环保、生态型渔具渔法,更主动地参与实施电子渔捞日志、电子监控、国家观察员等工作,更有效地完善各类作业安全保障、环境保护等工作。

三、全面履行船旗国义务

作为负责任的渔业国家,中国严格执行《联合国海洋法公约》以及加入的多边渔业协定,从总量控制、限制船数、数据收集报送和国家观察员制度等方面全面履行船旗国义务①,取得积极成效。

(一)不断强化远洋渔业许可制度

建立全面的远洋渔业许可制度和措施。根据《中华人民共和国渔业法》和《远洋渔业管理规定》,所有中国远洋渔船均应办理登记、检验手续,经批准后方可作业;根据区域渔业管理组织要求,对在相关海域作业的远洋渔船,按规定履行注册程序。多部门联合强化远洋渔船审批、登记、捕捞许可和报废监管,统一发布《中华人民共和国渔业捕捞许可证(公海)》等渔业船舶证书证件标准化格式。

---

① 指船旗国必须对给予悬挂该国国旗的船舶承担一定的义务,这些义务主要包括:对船舶技术条件的控制、对船员特别是船长和高级船员的适任管理、对船舶给予本国法律约束和保护、遵守相关国际公约等。

（二）严格实施投入和产出控制制度

严格遵守区域渔业管理组织关于捕捞渔船数量和吨位限额制度、分鱼种捕捞配额制度。"十三五"期间,远洋渔业规模保持稳定;"十四五"期间继续严格控制远洋渔业规模,坚持远洋渔船数量控制在 3000 艘以内、远洋渔业总产量控制在 230 万吨左右的目标。2021 年,明确不再新增公海鱿钓渔船、不再扩大鱿钓渔船规模,制定实施秋刀鱼单船捕捞配额分配管理方案,有效规范生产秩序。严格执行各区域渔业管理组织有关禁渔区、禁渔期的养护管理措施,主动实施公海自主休渔措施。

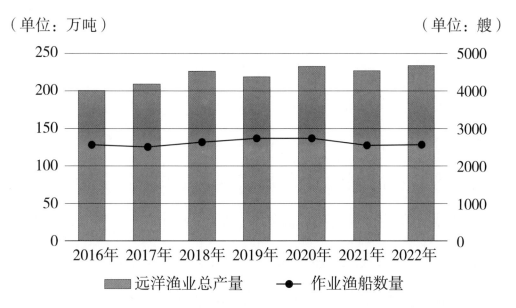

图 1 "十三五"以来中国远洋渔业总产量及作业渔船数量
（数据来源：中国远洋渔业数据中心）

（三）逐步完善数据收集和报送体系

不断完善远洋渔业基本生产统计数据的收集报送，提高数据质量，推进数据共享和集成管理。建立了涵盖远洋渔业企业信息、远洋渔船信息、船位监测、渔捞日志、渔获转载、国家观察员、港口采样、科学调查和生产性探捕等全方位的远洋渔业数据采集体系，并按照有关区域渔业管理组织的规定，及时报送各类渔业数据。中国主张充分合理的数据共享和研究，使科学数据在管理决策中尽可能发挥最大作用，同时切实保障数据安全，为各区域渔业资源养护和长期可持续利用作出应有的贡献。

（四）稳步施行电子渔捞日志制度

中国对公海海域金枪鱼、鱿鱼、竹笋鱼和秋刀鱼等渔业全面实施渔捞日志制度，渔捞日志回收率达 100%，填报质量逐年提高；对在有关合作国家海域开展的渔业活动，按合作国家要求填报渔捞日志。积极开展电子渔捞日志的研发、测试和推广应用工作，逐步实现公海渔船电子渔捞日志的全覆盖，积极参与区域渔业管理组织的电子渔捞日志计划，提高数据获取的实时性和准确性。2022 年 7 月，中国发布公海渔船电子渔捞日志有关管理措施，明确经中国政府批准的所有公海渔船，自 2024 年 1 月起全面实施电子渔捞日志管理。

（五）推进实施国家观察员制度

中国积极实施国家观察员制度，持续推进国家观察员派遣工作规范化、制度化。中西部太平洋、南太平洋区域的观察员项目均通过相关区域渔业管理组织的审查或认证。在满足区域渔业管理组织有关观察员覆盖率（5%）的规定要求基础上，积极推动电子观察员应用。2021 年起启动实施公海转载观察员制度，对未纳入区域渔业管理组织管理的转载活动，进行监管。不断加强职业观察员队伍建设，将渔业观察员纳入《中华人民共和国职业分类大典（2022 年版）》职业工种范围，为观察员制度的实施提供了制度保障。

（六）巩固提升公海渔船管理水平

中国严格落实区域渔业管理组织养护管理措施，对北太平洋、南太平洋等区域以及金枪鱼、鱿鱼等重要品种的生产活动制定和实施专门管理措施，切实加强公海渔业监督

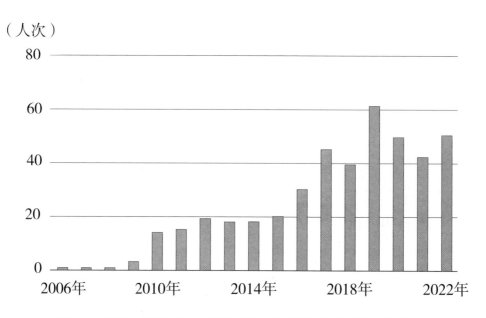

图 2 2006—2022 年中国远洋渔业国家观察员派遣人次

（数据来源：中国远洋渔业数据中心）

管理和国际履约。对中国远洋渔船作业较为集中的部分公海海域，2021 年首次实施远洋鱿钓渔船总量控制管理制度，重点加强无区域渔业管理组织管理的远洋鱿钓渔船管理，合理优化作业渔船布局，规范渔船生产作业秩序，积极履行船旗国勤勉义务。

四、严格实施远洋渔业监管

中国对远洋渔船实施全球最严的船位监测管控措施，坚持"零容忍"打击非法捕捞。通过强化监管、完善机制、提升能力等措施，推进渔船监控等难点问题得到有效治理，船员管理等重点环节明显改善，重点海域监管切实加强，推动远洋渔业综合监管能力显著提升，保障远洋渔业生产秩序总体稳定。

（一）积极实施公海转载监管

在有效实施区域渔业管理组织有关公海转载措施的基础上，中国于 2020 年开始全面实施远洋渔业公海转载自主监管，建立远洋渔业海上转载管理平台，将所有远洋渔业运输船纳入平台监控，落实所有公海转载活动提前申报和事后报告程序，为运输船逐步配备观察员或安装视频监控系统。2021 年 4 月，首次派遣公海转载观察员登临远洋渔业运输船，代表中国政府执行公海转载监督任务。2022 年 5

月,积极参与联合国粮农组织公海转载自愿准则技术磋商,为顺利完成磋商通过准则作出有益贡献。

(二)加强远洋水产品进出口监管

中国严格实施水产品进出口监管,积极履行市场国义务。根据相关区域渔业管理组织养护管理措施的要求,对包括中国远洋渔船捕捞产品在内的大目金枪鱼、剑鱼、蓝鳍金枪鱼以及南极犬牙鱼实施进出口合法性认证。根据韩国、智利、欧盟等进口国(地区)以及俄罗斯等出口国要求,对相关进出口产品进行合法性认证,并按照相关国家核查要求进行调查反馈,确保进出口渔获物来源合法合规。对列入《濒危野生动植物种国际贸易公约》管制的物种,按照要求实施海上引进。

(三)严厉打击非法渔业活动

中国对远洋渔业实施严格监管,坚持对违规行为"零容忍",积极采取立法、行政等措施打击违规远洋渔船和远洋渔业企业。对相关国家和国际组织等提供的有关中国渔船涉嫌违规线索,认真予以调查,对调查核实的违规远洋渔业企业和远洋渔船进行严厉处罚,并通过适当形式通报。

2016 年以来，先后取消 6 家、暂停 22 家远洋渔业企业从业资格，根据违规情节轻重对相关企业所属渔船及船长给予取消项目、暂停项目、不予申报新项目、罚款等不同程度的处罚，处罚金额达 10 多亿元。

坚决支持并积极配合国际社会打击各种非法渔业活动。2020 年起，中国每年派遣执法船赴北太平洋公海开展渔业执法巡航，查处违规作业行为。2016 年，配合南极海洋生物资源养护委员会成功扣押处置了一艘外籍渔船非法转载南极犬牙鱼案件。2018 年起，将中国加入的相关区域渔业管理组织公布的非法、不报告和不管制渔船名单通报国内各港口，拒绝此类渔船进港以及卸货、补给、加油等活动。

专栏 3　成功处置外籍 IUU 渔船"安德烈"号

中国积极研究加入联合国粮农组织《关于预防、制止和消除非法、不报告和不管制捕捞的港口国措施协定》，参照该协定和相关措施要求开展港口检查，打击非法捕捞，并取得积极成效。2016 年 5 月，根据南极海洋生物资源养护委员会通报，中国有关部门对进入中国山东港口的涉嫌违规转载渔获的冷藏运输船"安德烈"号进行检查，经查证确认该船非法转载南极犬牙鱼。经南极海洋生物资源养护委员会研究，确认将该外籍运输船列入非法、不报告和不管制渔船名单，并请中国政府对该批非法渔获予以处置。农业农村部会同外交部、地方主管部门等有关方面，组织对该批非法转载的 110 吨南极犬牙鱼进行拍卖，并将拍卖所得在扣除必要支出后,全部捐献给南极海洋生物资源养护委员会,以支持打击南极海域的非法渔业活动,养护南极海洋生物资源。此次成功处置外籍船舶非法转载南极犬牙鱼的事件,彰显了中国政府开展港口检查、打击非法捕捞的坚定决心。

（四）支持开展公海登临检查

中国支持在有关区域渔业管理组织框架内开展以打击非法渔业活动、有效实施养护管理措施为目的的公海登临检查,严格要求中国籍渔船接受并积极配合按照相关区域渔业管理组织公海登临检查措施规定开展的公海登临检查。

2020 年,中国开始在北太平洋渔业委员会注册执法船,正式启动北太平洋公海登临检查工作,切实履行成员国义务。2021 年起,中国海警舰艇编队在北太平洋实施公海登临检查,逐步推进按程序向其他区域渔业管理组织管辖区域派遣执法船,为国际社会共同打击公海非法渔业活动作出积极贡献。

五、强化远洋渔业科技支撑

中国通过开展公海渔业资源科学调查、参与区域渔业管理组织相关研究、改善升级渔船和捕捞装备等举措,不断加强科技创新,促进渔业提质增效、转型升级和高质量发展。《"十四五"全国渔业发展规划》提出,渔业科技进步贡献率努力从 2020 年的 63% 提高到 2025 年的 67%。

(一)完善科技支撑体制机制

中国远洋渔业管理坚持以科学为基础,建立并完善由主管部门、行业协会、科研单位通力合作的管理和履约科技支撑体系,共同制定渔业管理策略、实施管理措施并对实施效果进行评价。充分发挥行业协会在组织协调渔业生产、规范企业行为、组织从业人员培训、加强行业自律、推广示范应用等方面的作用,成立远洋渔业履约研究中心、远洋渔业数据中心,完善履约工作机制,加强相关科研机构和智库建设,逐步提高履约能力和成效。

中国高度重视远洋渔业企业履约能力建设和培训,每年由各级主管部门、行业协会、科研单位组织多种形式、针对各类履约事项的培训活动,部分远洋渔业企业自发开展管理措施和履约培训工作。其中,最为突出的举措是针对远洋渔业企业主要管理人员的培训。自2014年起,中国严控远洋渔业从业人员资格和条件,实行远洋渔业从业人员准入机制,要求远洋渔业企业负责人(企业法人或总经理)、具体项目负责人(项目经理)等中高层管理人员,必须参加农业农村部远洋渔业培训中心开展的从业人员资格培训,完成规定课程并通过考核,取得相应资格证书。截至2022年底,通过各种形式,培训中高层管理人员共计4000多人次。

通过远洋渔业企业从业人员资格培训等各类培训工作,有效提升了远洋渔业企业管理人员在国际渔业法规和管理制度、中国远洋渔业政策和管理制度、涉外渔业问题处理等方面的知识水平,提高了远洋渔业企业依法依规生产和执行管理措施的能力。中国将进一步加强远洋渔业从业人员培训,并将企业负责人、远洋渔船船长和职务船员作为培训重点。

（二）推动远洋渔业信息化发展

中国积极推进远洋渔船机械化、自动化和信息化,加强物联网、人工智能等技术在远洋渔业领域的研发和应用,开展远洋渔业北斗智能监控应用系统研发。推进远洋渔船视频监控系统研究和测试工作,参与制定远洋渔船视频监控设备安装标准规范,逐步开展重点鱼种或区域作业渔船推广试验。积极参与区域渔业管理组织的电子监控(电子观察员）标准制定,分享试验经验。2023 年 5 月,中国支持印度洋金枪鱼委员会通过关于电子监控标准的决议,该决议成为金枪鱼区域渔业管理组织中首个关于电子监控的管理措施。目前,中国安装使用电子监控系统的金枪鱼渔船已达 100 多艘,约占全部金枪鱼渔船的 20%。

（三）加强远洋渔业资源调查与监测

渔业资源评估和管理建议的提出依赖科学数据,资源调查监测是国际上普遍采用的获取第一手科学数据的重要途径。从"十四五"开始,中国系统规划远洋渔业资源调查与监测,为科学养护渔业资源、可持续发展渔业提供科学和数据支撑。依托专业科学调查船,开展西北太平洋、中西太平洋公海渔业资源综合科学调查,鼓励科研机构与远洋渔业企业合作开展渔业资源生产性调查。基于调查数据,向中西太平洋渔业委员会提交科学调查进展,后续将继续提交调查研究成果,为资源评估和管理措施制定提供科学依据。积极与有关国家联合开展渔业资源科学调查,促进合作国家海域的渔业资源养护与长期可持续利用。实施全球重要鱼种资源监测评估项目,对重要经济鱼种、兼捕鱼种和保护物种的种群状态进行研究监测,建立数据库系统,为生产管理和资源养护提供科学参考。

（四）创新研究制定自主养护管理措施

结合国内外研究成果和中国远洋渔业发展实际情况，通过政产学研结合，积极创新研究制定自主养护管理措施。2020年6月，中国出台加强公海鱿鱼资源养护、促进远洋渔业可持续发展有关管理规定，提出鱿鱼资源调查和评估、实行公海鱿鱼渔业自主休渔、加强鱿鱼全产业链管理制度研究等措施。为增强资源认知能力，规范引导行业可持续发展，中国积极探索编制远洋渔业指数。2020年开始，以鱿鱼为试点，研究发布中国远洋鱿鱼指数，包含鱿鱼资源丰度指数、鱿鱼价格指数、产业景气指数三大指标，以详实、动态的数据信息，监测鱿鱼产品与远洋鱿鱼渔业的总体发展。下一步，将研究发布金枪鱼渔业发展指数。

（五）及时研究转化国际养护管理措施

中国坚持以资源评估和最佳科学证据作为提出养护管理建议、制定管理措施的重要依据，积极参与区域渔业管理组织科学管理建议的研究，支持科研人员参加各类科学会议并担任相关科学职务，以资源评估为重点，开展鱼类种群生物学、生态系统管理、休渔效果评价等研究工作,参与有关研究计划,提交各类研究报告。深入研究各区域渔业管理组织通过的养护和管理措施,先后就有关金枪鱼渔业组织、北太平洋渔业组织和南太平洋渔业组织通过的养护管理措施印发文件,及时推动转化为国内相关管理规定,部署加强渔业管理和国际履约工作。

六、加强远洋渔业安全保障

中国持续提升远洋渔业基础设施现代化水平，着眼于安全、环保、可持续和劳工保护等目标，在控制远洋渔船规模的同时，不断改善渔船安全和船员生活环境。

（一）提升远洋渔船安全环保水平

鼓励支持远洋渔船更新改造，提升安全性和环境友好水平。严格限制过度扩大远洋渔船吨位，最大化降低捕捞活动对海洋环境及生态系统的影响。根据国际海事组织《国际防止船舶造成污染公约》等相关防止污染、海上安全国际公约的要求以及国家有关规定，2021年修订远洋渔船标准化船型参数，完善远洋渔船检验规则，规范远洋渔船报废程序，强化新建远洋渔船的稳定性、安全设备及防污染装备的配置。

（二）推进远洋渔船船位监测监控

高度重视远洋渔船船位监测，不断升级远洋渔业服务平台和船位监测系统，全面覆盖所有远洋渔船，提高报位频率，不断完善船位监测数据采集及统计、重点区域监控、越界提醒等功能，推进渔捞日志、监测监控电子化，努力提高监测能力和服务水平；加强远洋渔业数据中心系统建设，开发渔业数据质量巡检控制功能，提高生产统计报告、渔捞日志数据、观察员数据等科学管理水平。

专栏5　远洋渔船船位监测

为加强远洋渔业监管和履约，中国自2006年开始运行远洋渔船船位监测系统。经过10多年的发展，此项工作已成为中国远洋渔业管理的重点环节，覆盖所有中国远洋渔船，即所有中国远洋渔船的日常活动范围和位置均在主管部门的监控之下，船位报送频率为每小时一次，高于国际行业标准。

2021年起，中国进一步实行远洋渔船船位监测统计日报制度，即每日由专门技术支撑单位统计汇报所有远洋渔船24小时内的船位活动情况，若出现不按要求报送船位、位置异常等情况，第一时间通知主管部门对企业进行跟踪核查，及时做出整改。远洋渔船船位监测系统功能也不断完善，除常规的船位监测外，兼具越界预警、航行安全提醒等功能。远洋渔船船位监测系统在保障远洋渔船航行作业安全、实施远洋渔船活动监管、履行船旗国义务和遵守国际渔业管理措施中发挥了重要作用。

（三）维护远洋渔业船员合法权益

中国是国际劳工组织创始成员国之一，高度重视劳工权益保护，截至 2023 年 4 月已批准 28 项国际劳工公约，包括《1930 年强迫劳动公约》和《1957 年废除强迫劳动公约》等 7 项核心公约。中国高度重视远洋渔业船员权益维护，持续规范远洋渔业船员的使用和管理，压实远洋渔业企业主体责任，加强行业自律，强化用工监督，依法保障包括外籍船员在内的船员工作条件和待遇。要求企业按时支付船员薪酬，不得无故拖欠工资；合理安排船员工作与休息，提供良好的生活工作条件；妥善处理船员合理诉求，理解、尊重、包容船员的风俗习惯、宗教信仰和文化差异，不得歧视、虐待、打骂船员。对船员加强安全生产技能培训，提升安全生产意识；确保渔船配备必要的劳动保护用品和设施，保障船员安全生产条件及环境；配备基本药品，及时为生病船员提供必要的医疗救治和心理帮助，对超出渔船处理能力的伤病船员应及时报告、组织救治。

（四）加强海上安全生产和救助

高度重视远洋渔业安全生产，加强安全检查和隐患排查,保障渔业船舶航行和渔民作业安全。建立行业协会 24 小时应急救助服务机制,加强海上互救保障机制建设。探索建立远洋渔业突发事件应急处理机制。严格海洋渔业船员违法违规管理,对船员违反安全航行作业等行为实行计分处理,推动维护渔业安全生产秩序。加强与有关国家和组织合作,积极参与全球海上救助。

专栏 6　坚持生命至上理念开展海上救助

中国远洋渔船近年多次成功搜救秘鲁、毛里求斯、所罗门群岛、基里巴斯等国渔船渔民,积极履行生命优先的国际义务。2018 年 3 月,"中水 702"船在太平洋岛国所罗门群岛海域救起在海上漂泊 20 多天的 3 名当地渔民。仅 2021—2022 年期间,中国远洋渔船对他国船舶或船员进行海上救助的海域就涉及冈比亚、塞内加尔、所罗门群岛、马绍尔群岛、巴布亚新几内亚、库克群岛、瓦努阿图、基里巴斯海域和相关公海海域。

积极开展海上医疗站建设,解决远洋船员突发疾病无法得到及时治疗的难题。2017 年开始,安排随船医务人员到东南太平洋公海渔场,为远洋渔船船员提供医疗服务。2021 年建成的"浙普远 98"远洋渔业综合保障船,配备专业医疗设备和医生,定期在东南太平洋公海巡航,为在该海域捕捞作业的远洋渔船船员开展医疗服务。

七、深化国际渔业合作

当前,渔业资源的持续利用面临气候和环境变化等威胁,渔业资源的跨区域分布、流动性和洄游性也呈现出新的特点,决定了渔业管理必须进一步加强国际合作。中国深入践行海洋命运共同体理念,深化远洋渔业对外交流,多渠道、多形式开展互利共赢合作,不断巩固多双边政府间渔业合作机制,助力合作国家和地区渔业发展。

(一)积极参与全球渔业治理

中国积极参与联合国框架下的多边渔业治理,推动构建更加公平合理的全球渔业治理体系。积极研究加入联合国粮农组织《关于预防、制止和消除非法、不报告和不管制捕捞的港口国措施协定》,开展国际海事组织国际渔船安全公约《2012年开普敦协定》等涉渔公约研究。将公海作业渔船列入联合国粮农组织全球渔船记录,加强与国际海事组织合作,要求远洋渔船申请注册国际海事组织编号。

近年来,国际社会高度关注渔业补贴,中国坚定支持多边贸易体制,顺应世界贸易组织渔业补贴谈判总体趋势。长期积极参与世界贸易组织渔业补贴谈判,秉承"促谈、促和、促成"原则,尽可能照顾各参与方的利益和发展中成员的诉求,努力弥合成员分歧,提出案文修订建议,积极响应其他成员的意见,充分显示灵活性,为最终达成《渔业补贴协定》作出了积极贡献。中国已于2023年6月27日向世界贸易组织递交《渔业补贴协定》议定书的接受书,今后将全面落实协定规定,并积极参与协定后续谈判。

重视与世界自然基金会、绿色和平组织等非政府组织就可持续渔业管理、打击非法捕捞等开展交流,在公海自主休渔、鱿鱼资源养护措施制定中吸收其合理化建议。

(二)深入参与区域渔业管理

中国致力于扩大和加强区域渔业合作,全面履行区域渔业管理组织成员国义务。通过及时足额缴纳会费、自愿捐赠等方式,支持各区域渔业管理组织开展相关职能活动。积极组织主管部门、科研单位、行业协会和企业代表参加区域渔业管理组织各项工作,参与研究制定养护管理措施、渔业资源调查评估与科学研究等活动,积极贡献中国智慧与力量。加强与相关区域渔业管理组织及各成员的交流合作,共同促进和提升区域渔业治理水平。

(三)开展双边渔业合作交流

中国致力于加强双边合作与对话交流,逐步建立双边合作机制,促进互利共赢,共同打击非法渔业活动。与俄罗斯、韩国、日本、越南、美国、阿根廷、新西兰、欧盟等国家(地区)建立了双边渔业会谈或对话机制,并与印度尼西亚、巴拿马、秘鲁、厄瓜多尔等国家(地区)进行沟通交流,议题涵盖双边渔业合作、区域渔业治理、打击非法捕捞、兼捕物种保护、加拉帕戈斯群岛等重点海域生态环境保护等方面。与亚洲、非洲、南美洲、大洋洲的 40 多个国家(地区)在互利互惠前提下开展渔业合作,鼓励支持合作企业在相关国家投资兴业,积极促进当地就业和经济发展。

专栏 7 加强渔业对外合作交流

中国高度重视渔业对外合作,坚持创新、协调、绿色、开放、共享的发展理念,积极推进渔业对外合作,促进合作共赢。

加强多边渔业合作。积极参加国家管辖范围以外区域海洋生物多样性协定、预防中北冰洋不管制公海渔业协定、联合国大会可持续渔业决议、世界贸易组织渔业补贴谈判等谈判磋商,推动形成公平合理、可持

续的国际渔业治理机制。参加国际海事组织渔船安全及非法、不报告和不受管制捕捞部长级会议,签署《托雷莫利诺斯声明》。中国已加入 8 个区域渔业管理组织,基本覆盖全球重要公约水域,参与了联合国、联合国粮农组织、世界贸易组织、濒危野生动植物种国际贸易公约、亚太经合组织以及有关区域渔业管理组织等 30 多个涉渔国际组织活动。2021 年9 月,中国与联合国粮农组织、亚太水产养殖中心网共同主办第四届全球水产养殖大会,希望与世界各国深化务实合作,携手推动全球水产养殖业的可持续发展,为保障世界粮食安全作出贡献。

促进双边渔业合作。中国与美国、欧盟、挪威、加拿大、澳大利亚、新西兰等重要渔业国家(地区)建立高级别对话机制,并与亚洲、非洲、拉美等区域的多个国家开展双边渔业合作。2021 年 12 月和 2023 年 5 月,两次举办中国—太平洋岛国渔业合作发展论坛,进一步支持岛国渔业及相关产业的发展。

(四)推动发展中国家渔业发展

中国秉承海洋命运共同体理念,积极践行共建"一带一路"倡议,促进"南南合作",一贯支持发展中国家,特别是发展中小岛国和最不发达国家发展渔业及社区经济,在技术、人才等方面,力所能及地给予帮助。推动发展中国家开展渔业基础设施建设、资源调查、技术培训、手工渔民和小规模渔业发展,帮助发展养殖、加工、贸易等产业。同时,中国积极支持发展中国家在多边领域的合理主张,维护其发展权益。

（五）推动全球渔业可持续发展

渔业对全球粮食和营养安全以及沿海地区人民生计具有重要作用，国际社会对此有高度共识。中国高度重视全球渔业可持续发展，倡导通过发展水产养殖，增加食物供给，特别是保障发展中国家的粮食安全，减少对野生渔业资源的依赖。中国水产养殖产量连续32年稳居世界第一，成为全球最大的水产品加工和出口国，为保障世界粮食安全作出积极贡献。

中国主张在平等互利基础上，完善多边磋商机制，深化科技交流，扩大经贸合作，打击非法捕捞，促进全球渔业资源科学养护和长期可持续利用，为保障全球粮食安全、造福沿海地区人民发挥积极作用；坚决反对单边主义和保护主义，反对强权政治和霸凌行径，反对没有国际法依据的单边制裁和"长臂管辖"，维护公正合理的国际海洋秩序。

结　束　语

　　走向深蓝,是人类探索海洋、利用海洋、保护海洋的必由之路。中国将坚持创新、协调、绿色、开放、共享的理念,积极实践全球发展倡议,根据相关国际法和双边合作协议,加强多双边渔业合作和对话,努力促进远洋渔业高质量发展,不断提升国际渔业公约和养护管理措施的履行能力,积极承担与自身发展相适应的国际义务。

　　当前,全球海洋治理面临新形势新挑战。站在新的历史起点上,中国愿继续同国际社会一道,在平等、互利、相互尊重的基础上,加强海洋及海洋资源养护和可持续利用,保护海洋生物多样性,为实现《联合国 2030 年可持续发展议程》目标,推动构建海洋命运共同体,助力全球海洋的绿色可持续发展不断书写新的篇章。

责任编辑：刘敬文　王新明

图书在版编目（CIP）数据

中国的远洋渔业发展/中华人民共和国国务院新闻办公室 著.—北京：人民出版社,2023.10

ISBN 978－7－01－025891－1

Ⅰ.①中⋯　Ⅱ.①中⋯　Ⅲ.①远洋渔业-渔业经济-经济发展-研究-中国　Ⅳ.①S977

中国国家版本馆 CIP 数据核字（2023）第 159061 号

中国的远洋渔业发展

ZHONGGUO DE YUANYANG YUYE FAZHAN

（2023 年 10 月）

中华人民共和国国务院新闻办公室

人民出版社 出版发行

（100706　北京市东城区隆福寺街 99 号）

中煤（北京）印务有限公司印刷　新华书店经销

2023 年 10 月第 1 版　2023 年 10 月北京第 1 次印刷

开本：787 毫米×1092 毫米 1/16　印张：3

字数：20 千字

ISBN 978－7－01－025891－1　定价：15.00 元

邮购地址 100706　北京市东城区隆福寺街 99 号

人民东方图书销售中心　电话 （010）65250042　65289539